カーブドッチ《ワイナリー》の刻《とき》

Stay with us,and
listen to the grapes grow

目　次

CAVE D'O
CAVE

プロローグ

ワイナリーが放つ
メッセージとは……？

そのワイナリーにたどり着くには、舗装されていない砂利道を通る必要がある。距離はほんの数分程度のものでしかないのだが、対向車が来たらどちらかが道を譲らねばならないほどに道幅の狭い砂利道である。

注意深い人はおそらくこの時点で、あることに気づくだろう。「これでは大型バスは入れないのでは?」と。

ワイナリーに着いてからもその注意深い目で観察すると、どうやらここは「一般的な観光スポット」ではないらしいということに思い当たるはずだ。

例えば、レストラン。小学生未満の子どもの利用を、やんわりとではあるが断っている。喫煙もできない。また、お客の姿を見てもスタッフが大声で「いらっ

しゃいませ」と出迎えることはない。敷地内では猫たちが自由気ままに過ごしている。犬の姿も見られる。

注意深い観察者は、やがて一つの仮説に行き当たる。

「もしかすると、このワイナリーはお客を選んでいるのではないだろうか？」

……しかし残念ながら、その仮説は正《せい》鵠《こく》を得ていない。一面的なものの見方をすれば、確かにお客を選んでいるように思えるだろう。大型バスが入れない砂利道は、団体の観光客を拒絶しているように見える。小さな子どもを連れてきた人は、レストランの入り口で戸惑いの表情を浮かべるに違いない。

しかしそれらは決して高飛車な心情から出たものではないのだ。傲慢にあぐらをかいているわけでもなく、箔付けを目指した選別でももちろんない。

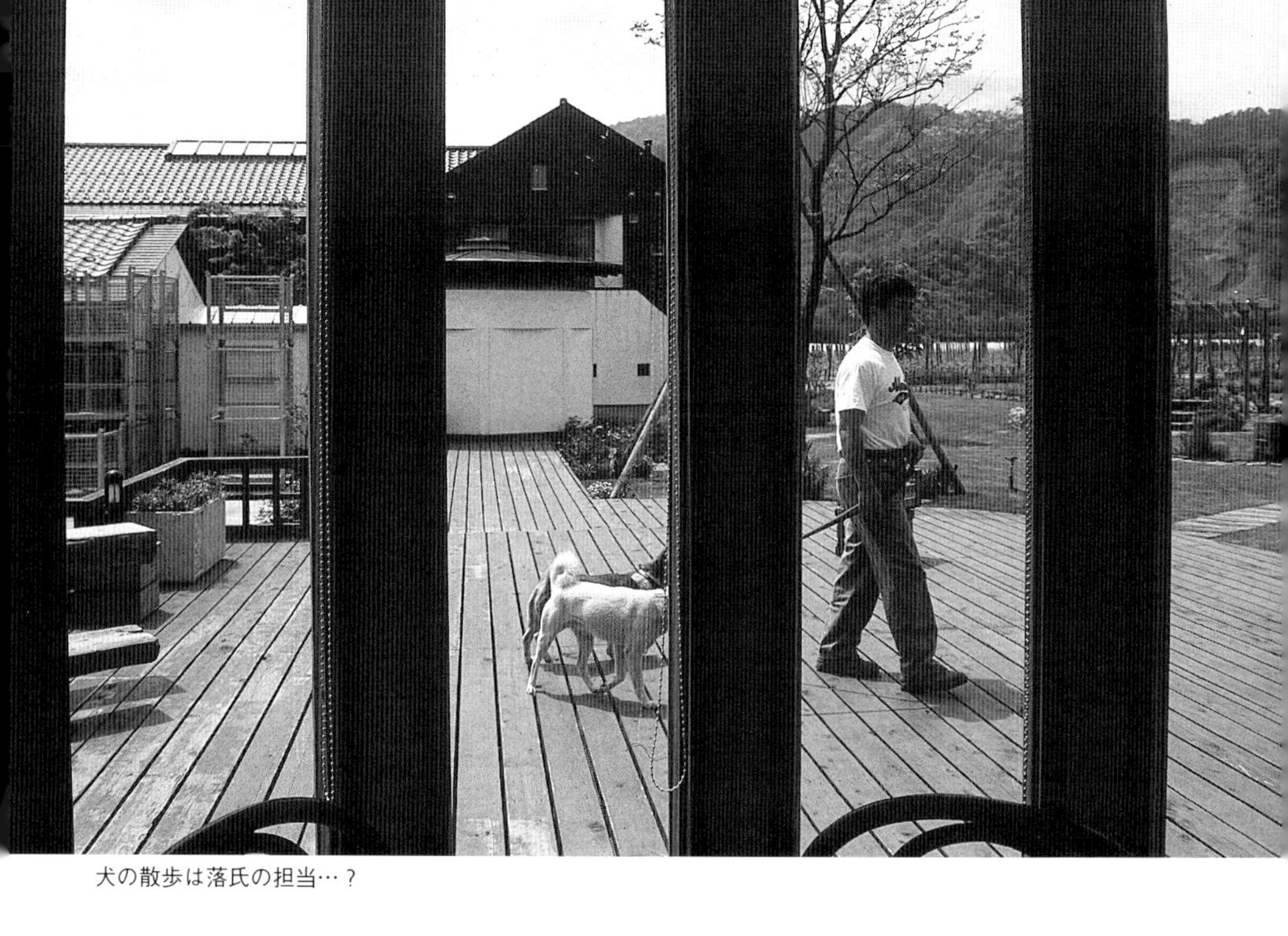

犬の散歩は落氏の担当…？

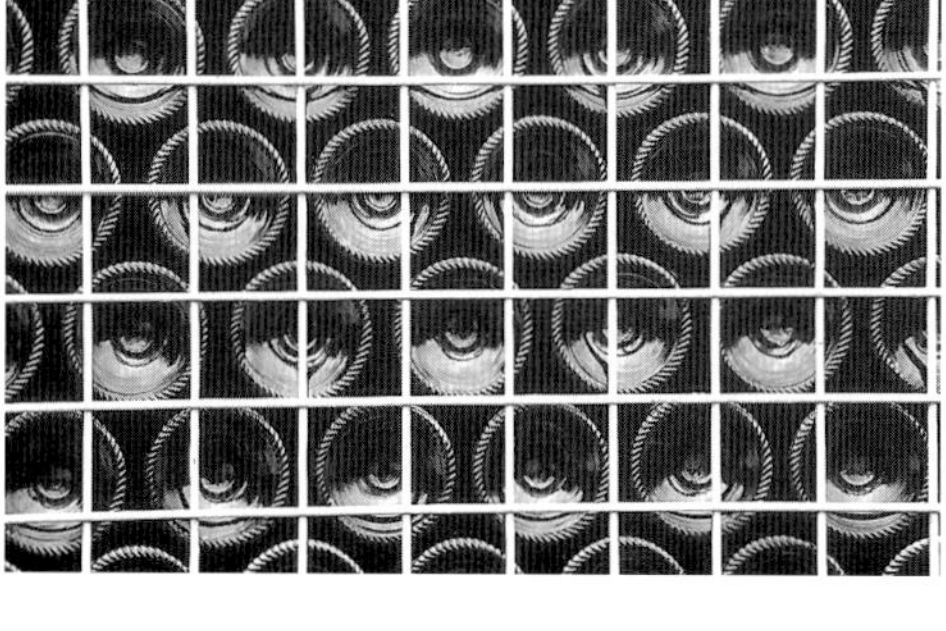

このワイナリーにはお客を選ぶという意識はない。むしろその逆で「選ぶことの喜び」を提供したいと思っているのだ。
本書では、このワイナリー「カーブドッチ」のイズム（主義）を見つめていく。多くの人はカーブドッチのことを「お洒落なワイナリー」というイメージでとらえているかもしれないが、実はこのワイナリーはさまざまなメッセージを人々に発信しているのである。
そのメッセージに気づき、共感を覚えたとき、まったく新しい輪郭を備えたカーブドッチの姿が浮かび上がることだろう。

◆ワイン蔵
熟成への時のなかで
まどろむワインたち

カーブドッチを象徴する建物が、このワイン蔵。設計は建築家の白鳥健二氏が手がけ、どっしりとした大屋根が印象的だ。和の情緒をただよわせながら清楚なイメージを醸し出している。

内部は醸造棟になっていて、ここで畑からとれた葡萄たちがワインへと生まれ変わっていく。また地下には樽蔵があり、ワインたちは穏やかな眠りのなかで熟成の時を夢見る。希望すれば案内もしてくれるので、ぜひ見学してほしい。真剣にワインづくりを行っているワイナリーの精神を肌で実感することができるはずだ。

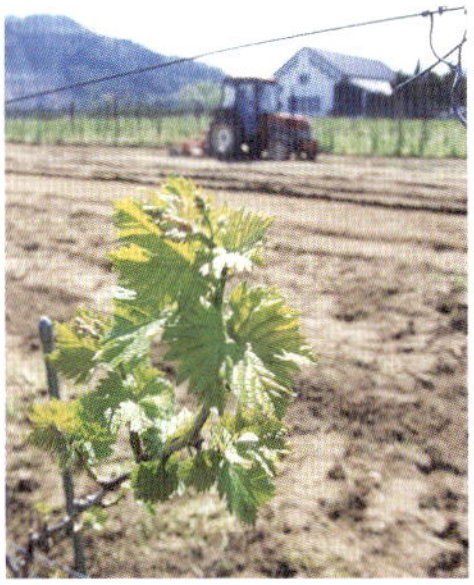

第一章

「夢」が動き出す。

カーブドッチの成り立ち

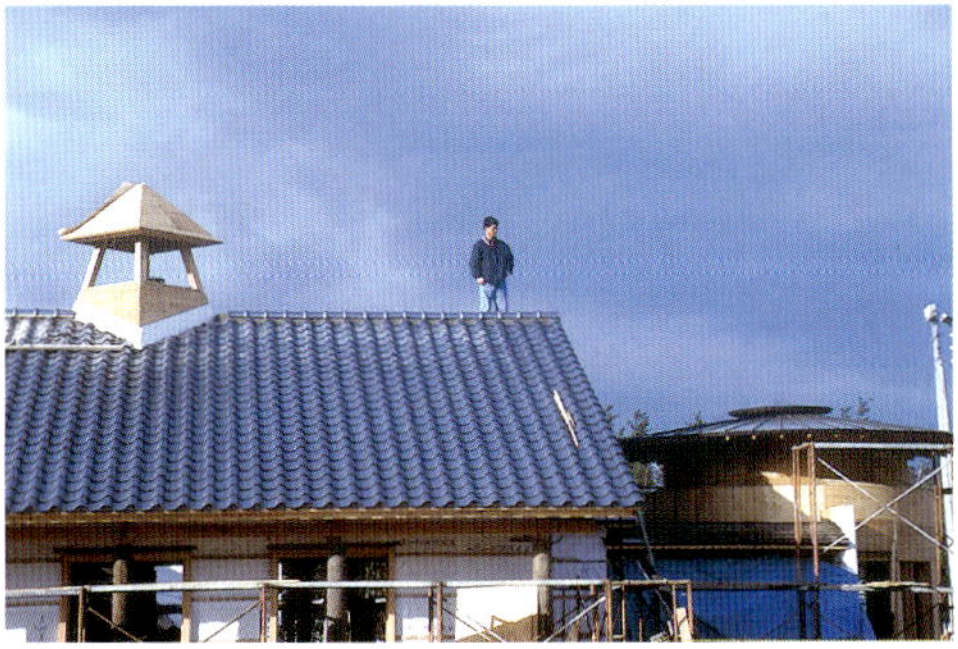

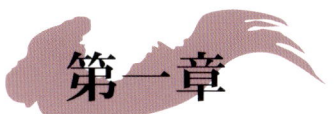

鹿児島生まれのアウトサイダーがドイツにワイン留学

まずはカーブドッチの成り立ちから話を始めることにしよう。このワイナリーには二人の中心人物がいる。

その一人が落希一郎《おち》。ここではまず彼の半生についてふれていく。カーブドッチは落そのものであり、彼の考えが色濃く反映されているワイナリーだからだ（CAVE d' OCCIというワイナリー名も落の名前にちなんでつけられた）。

落は一九四八年に鹿児島県で生まれた。

「鹿児島県人気質というのは、みんなが右を向いたら左を向くみたいなね、そういうところがあるんです。長いものには巻かれない」

そういう風土で育ったためか、早くから彼のなかでは「個」の概念が芽生えたようだ。「個」はカーブドッチにおける重要なキーワードとなるのだが、それはひとまず置いておくとして、そんな落はやがて家族とともに北海道へ移り住むことになる。少年時代のことである。これまでとは異なる環境で落少年は強い違和感

を覚えることになった。

「九州の方言で話すでしょ。それに自己主張もする。まわりの連中とは違うわけですよね。それでずいぶんいじめられたなあ。先生からもずっとお前は生意気な奴だと言われ続けていたしね」

と、落は笑う。後に彼はドイツに留学するが、そのときは「ドイツというのは鹿児島県人会かと思った」そうだ。それだけ「個人」というものが確立されているとの意味だ。

高校を卒業して東京外国語大学に進学した落だったが、しばらくして中退。ちょうど学生運動が盛んなときである。中退はそういう世間の騒ぎに飽き飽きし、自分なりの道を模索するための選択だった。

「それで叔父に相談したところ、じゃあ外国に留学すればいい、ということになったんです。当時は外国に留学なんて簡単にできるものではなかったですからね。これはいいやと思って、あまり深く考えずに、じゃあそうしますと答えた」

事業家だった叔父は山梨県塩山市の出身。山梨といえば、ワインの生産地として知られているところだ。そういうこともあってゆくゆくはワインの事業を立ち上げたいと考えていたようだ。甥《おい》にワインの勉強をさせようと考えたのは、そのための布石だった。

それで決まった留学先が西ドイツ（当時）の国立ワイン学校。同校での日本人留学生は、落が初めての人となった。一九七四年、シュツットガルト郊外のワインズベルクという町にあるそのワイン学校へ入学した彼は、それから三年間にわたって本格的なワインづくりの勉強に励むことになる。

世界の広さと自分の居場所。日本的風土との確執のなかで

ドイツで過ごした三年間は、落にさまざまな面で刺激をもたらした。それらに関しては本書のところどころで彼のコメントとともに表れてくることになるが「まるで鹿児島県人会だと思った」ことからもわかるように、それはとても意義のある体験だった。例えば、彼はこういうことをうれしそうに語る。

「ドイツでは誰もが、例え勉強のできない人間でもきちんと自己主張をする。それが当たり前の風土なんです。ドイツでまず驚いたのは、そのことでした。日本では自己主張の強い人間、特に子どものころは問題児扱いされますが、ドイツでは自己主張しないと逆に問題児だと思われる」

そして一例として、こんなエピソードを披露した。

「ワインを試飲する授業があったんですが、意見を求められるとみんながワッと手をあげるんです。早く自分の意見を述べたいという感じで」

また、友人たちと連れだってレストランに行っても、誰一人として「この人と同じものを」といった注文の仕方をしない。自分は自分だ、という「個」が当たり前のように確立しているのだ。

落にとってそれは一種の「発見」、あるいは「開眼」と言ってもいいかもしれない。「個」をなかなか認めようとしない風土で息苦しさを感じていた青年にとって、「個」であることが当然の環境に身を置くことがどれほどの開放感をもたらすか……。それは窓を大きく開けて新鮮な外気を取り込むにも似た開放感だったに違いない。その窓はまた、世界の広さの象徴でもある。

「ずっとアウトサイダー的な感覚を日本では持ってましたからね。不必要な摩擦もたくさんあった。でも、ドイツではそれがない。自分の存在が肯定されたという気持ちが強かったですね」

広い世界の一隅で、一人の青年が居場所を見つけたのである。そしてその居場所で胸いっぱいに吸い込んだものと同じ空気がカーブドッチにも流れているのだが……そちらに話の方向を進めるとやや性急な展開になってしまうので、ここで本筋に戻ることにする。

ドイツでワインづくりを学び、「ワイン栽培醸造士」の国家資格を取った落は日本に戻り、叔父のもとでワイン会社に勤務する。約十三年間勤めたあと同社を辞め、その後いくつかの会社を転々とする。いずれも長く続かなかった。日本的風土への反発がそこにはあったのだが、早い話がサラリーマンには向いていなかったのだろう。

「ある会社なんてね、八時半が始業なのに七時過ぎに出社しなさい、だって。それで全員が社歌なんて合唱するんですからね、毎日。マニュアルもすごく細かくて。三カ月我慢したけど、結局辞めました」

ということであるから、あとは推して知るべしといったところか。「それくらい辛抱できないのか」と会社勤めをしている人たちの声が聞こえてきそうではあるが……。結果として彼は個人でワイン関連商品の輸入を手がけることになる。そして転職を繰り返すうちに、新潟市に住むようになっていた。

カーブドッチのもう一人の中心人物となる掛川千恵子が登場するのは、ここからの話である。

創立間もないころのカーブドッチ

レストランで談笑する落氏と掛川さん

本格的ワイナリーの夢に共感、そこから「歴史」が動き始める

「最初は、なんだろうこの人は……という印象でした。人の批判ばかりして。これじゃ話にならない。正直、そう思いましたよね」

落との初対面の印象について、掛川はそう語る。両者が出会ったのは一九九一年十月のことだ。

当時、掛川は東京でプランナーとしてマーケティングの仕事を行っていた。そのときに手がけていたのがワイン業界に関する調査。人脈をたどって紹介されたのが落だった。

「ワイン業界のことを語らせたら面白い話をする人がいる、ということで取材を申し込んだんですが……」

実際に会ってみたら、その口から出る

のはワイン業界の批判ばかり。まともなワインなんて日本ではつくられていない、みんなインチキ……といった話に終始した。

彼女が唖《あ》然（あるいは憮《ぶ》然か）とするのも無理はない。業界について好意的なコメントを引き出すつもりが、まったく正反対の答えが返ってきたのだから。

「でも、よくよく聞いてみると、まともなことを言っているんですよね。例えば、海外から安いワインを仕入れて国内で瓶詰めすると、それが国産ワインで通用するわけですが、そういうことに対しての批判なんです」

その話の流れのなかで落はワイナリー設立の夢を語った。葡萄づくりから手がける本格的なワイナリーを日本に根付かせたいという夢だった。

「それを聞いて面白い、と思ったんです。面白いだけではなく、私自身もそのワイナリーに関《かか》わりたいと思いました」

一方の落は、

「そのときは遊びのような気持ちで言ったんです。なにしろワイナリーを立ち上げるには、大変なお金がかかりますからね。そういうことができればいいなという、まさに夢の話だったんです」

しかしその夢は急速に具体化していくことになる。二人が会ったのは九一年の十月だと述べたが、十二月には「一緒にこの事業を始めよう」ということになった。そして翌年の四月には、その事業の

三つの看板も、早10年がたった

ための会社「欧州ぶどう栽培研究所」を設立するに至ったのである。

　設立にあたっては二人がいくばくかの出資をしたのはもちろんだが、そのほかに落の知人や新潟の事業家といった人たちからも協力を得た。そればかりではない。一般の人々もこのワイナリーに出資を行っている。そこには本格的なワイナリーをつくろうという壮大な夢に対する人々の共感があった。

◆ホール

**ウエディング会場
としても人気のホール**

荘厳な雰囲気をたたえるこのホールでは、一流の演奏家たちを招いてのクラシックコンサートがたびたび行われる。深みのある音色のパイプオルガンや世界的な名器として知られるピアノのベーゼンドルファーが装備されたホールだ。

ウエディング会場としても人気で、人前式・教会式いずれのスタイルにも対応してくれる。気品に満ちた空間でとりおこなわれるウエディングは、まさに一生に一度の思い出にふさわしいものとなるだろう。招いた二人も招かれたゲストたちも満足できる、豊かさにあふれたホールである。2005年には改装もされ、全体的にゆとりのあるスペースが生まれた。

第二章

「夢とロマン」を共有する人たち。

支援者とヴィノクラブのこと

無鉄砲なまでに夢見る人が新しい風を呼び込む

一昔前までの日本には人生のモデル的なコースがあり、多くの人にとってその道のりを歩むことが安全な生き方とされていた。いい学校を出て、いい会社に入って、その会社に忠誠を尽くすことで生涯の安定的な収入を確約され、そしてマイホームを購入し、平凡ながらも堅実な家庭を築き上げることが幸せである……というそんな価値観を信じていればひとまずは良かった。いまもそうした価値観が残っていることは否定しないが、かつてのように確固としたものではなくなっているのではないだろうか。

若い世代のなかにも、そうした価値観に疑問を抱く人が増えている。例えば、夢を追い求めてフリーターという立場を選ぶ人たちの存在は、そのことを示していると言えるだろう。それは価値観の多様化というプラスの側面を持つ一方で、安全な生き方というものはすでに存在しないのだという一種のシビアな課題を突きつけてもいる。大勢が良しとする価値観に寄りかかるのではなく「個」として自らの人生を考えなければならないのだ。

そういう人たちにとって、自分の夢を追い求め実現した人間がいると、これはちょっとした励ましとなる。

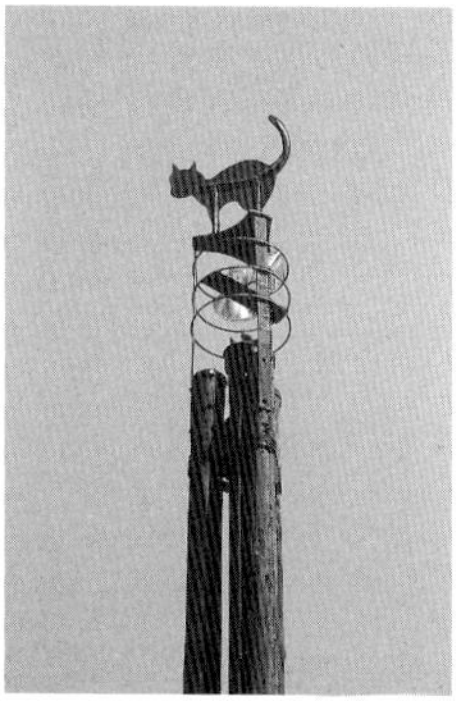

葡萄を仕込む落氏

カーブドッチの建設が始まった

「巻町で成功するには三種類の人間だって言われたんです。若者・バカ者・よそ者」

本格的なワイナリーの地を巻町に決めた当時のことを振り返って落は笑う。

若者・バカ者・よそ者とは、言うなれば無鉄砲なまでに「夢見る人」であることの象徴だろう。若者は可能性の象徴、バカ者は恐れを知らないことの象徴、そしてよそ者は古い因習にとらわれずに新しい価値観によって行動することの象徴。

巻町に限ることではない。日本で人とは違うことを始めるときにもこの「若者・バカ者・よそ者」であることは必要となってくる。無鉄砲なまでに夢見る人だからこそ、新しい風を吹かせることができるのである。

ちなみにカーブドッチが胎動し始めた

とき、落は四十代を迎えていた。家族ももちろんいる。

「妻と二人の子ども、そして母親。当時は借家住まいでしたよ」

家族を抱えながら成功するかどうかわからない事業を始めることに不安はなかったのか、と多くの人が思うことだろう。それに対して落は屈託なく笑う。

「なんとかなるもんですよ。信じればね」

もちろん、だからと言って落のように生きるのが素晴らしいと賞賛するのではない。そこには当然リスクがあり、それも含めて彼の人生は彼が選んだものでしかないのである。人にはそれぞれの人生があり、それぞれの課題がある。ただ「若者・バカ者・よそ者」という言葉に込められた意味は、いまのこの時代に大切な何かを示しているようには思える。

資金集めに苦労していたときに現れた二人の出資者

前章の最後で、多くの一般の人々がカーブドッチに「出資」をしたと述べた。しかしおそらくその人たちには出資という意識はなかったに違いない。落・掛川の両者が描いた大きな夢に参加したいという気持ちのほうが強かったと言える。

ワイナリーのために会社を設立した二人だったが、すぐに増資の必要性に迫られた。本格的なワイナリーには葡萄を育てる土地ももちろんだが、仕込みや醸造、樽蔵といった生産設備も必要になってくる。資金はいくらあってもあり過ぎるということはなかった。醸造免許がおりて、事業がいよいよ本番を迎えたという背景もある。

「こうなるともう、後には引けないです

からね。本格的なワイナリーをつくるということで始めたわけですから、これに失敗したら、もうワイン業界にはいられなくなります。だからいろんな人に出資の協力を頼みました。手紙を出しまくりましたね、あのときは」

　当初の資金集めには相当な苦労があったらしく、落は苦笑いを浮かべる。そんな折、かつての大口出資者の一人が資金を引き上げるという事態も起きた。

「お金がないなら設備は安いプレハブから始めればいいんじゃないかということで、そんなのはつくりたくないと言ったんです。そう言ったら（事業から）おりた」

　本格的なワイナリーを目指しているのだから、設備も本格的でなければならないという考えがそこにはあったのである。

そういうことも起きたが、やがて苦労のかいあって、新潟県の二人の事業家から大きな協力を得られることになった。一人は酒造メーカーである八海醸造株式会社の社長、そしてもう一人は高級海産物の加工食品業である株式会社加島屋の社長である。出資に対しては即断に近かったそうだ。きっと「新潟で面白いことをやってくれるなら応援してやろう」という気持ちがあったのだろう。前者はすでに故人となっているが、晩年、落にこう言ったとのことである。「十年間、あんたとつきあったけど、本当に面白かったよ」。情熱を持って事に当たる若者・バカ者・よそ者の前にはこういう理解者・共感者が現れる。彼らもかつては無鉄砲な夢見る人だったがゆえに、その情熱が理解でき、そして共感するのではないだろうか。

だが、そういう大口の出資があっても、まだ資金は必要だった。どうするか？そのときに、掛川が思いついた解決策が「ヴィノクラブ」である。それは見事なアイデアだった。

「ヴィノクラブ」が語りかける地に足のついた生き方の大切さ

「ワインがあれば人生はもっと楽しい。それも、美味《おい》しいワインをつくる楽しみがあれば、もっともっと楽しい。一本の葡萄の木から始まる美しい農園づくりに貴方も参加しませんか」

これは落・掛川両者が自分たちの活動を多くの人に伝えるために発行していた「ワインのひとりごと」というニューズレターに記された一文。ヴィノクラブへの加入を呼びかけるものである。

ヴィノクラブとは、葡萄の木のオーナーになることでワインづくりに参加しようというもの。オーナーになった人には、お礼として十年間にわたって毎年ワインが一本届けられる。会費は、葡萄の木一本につき一万円である。

「この呼びかけが口コミで広がって、すぐに二千人以上の会員が集まったんです。そのあと、アッという間に一万人を超えました」

と、掛川。このヴィノクラブがワイナリーの活動の大きな推進力となった。資金が集まったこともそうだが、なにより も多くの人が自分たちの行っていることに共感を示してくれたことが二人を励ました。たくさんの人たちが「夢」を共有してくれたのである。

この小さな葡萄が、ワインに生まれかわる

「会員になったらワインをプレゼント、というやり方ではダメだったでしょうね」

掛川はヴィノクラブについてそう語る。冒頭にあげた一文には「一本の木から始まる美しい農園づくり」とあるが、この「農園づくり」が重要な言葉だ。

「農業という精神を反映させたかったんです。私たちがつくるワインは葡萄づくりから手がけます。それには時間がかかる。その長い時間を共有できる人たち、農業として葡萄づくりを楽しめる人たちに支持してもらいたいと思ったんです」

実際、多くの会員は毎年送られてくるワインよりも、自分たちが葡萄の木のオーナーになれることのほうに魅力を感じて加入した。

「きっと、ロマンを感じてくれたんでしょうね」

広々とした庭園は、季節の光がいっぱい

ヴィノクラブがスタートしたのは一九九二年。ちょうど日本ではバブル経済がはじけた直後だった。

バブル経済は日本人からある種の品性を奪い去った。札束で横面を叩くような行為がさまざまに横行していたことを記憶している人も多いだろう。例えば、人類の文化遺産とも言うべき名画をそれまでにない高額の（世界的に見たら非常識な）値段で買った人は、自分が死んだら棺桶に入れていっしょに燃やしてくれと言ったことがある。金を出せばなにをしても構わないのだ、という「正義」がまかり通っていたざらついた時代だった。

そのバブルがはじけたあと残ったのは、疲弊した心である。バブルに踊った人も、そうでなかった人も、祭りのあとの暗い時代の到来に意気消沈していた。ヴィノ

クラブはそういうときに「農園づくり」を呼びかけた。別の言い方をすれば「地に足のついた生き方」の大切さを語りかけた。ゆっくりと時間をかけてなにかを育んでいくことの大切さ。原点回帰。掛川はそこに「ロマン」を見いだしてもらったと分析している。

こうしてカーブドッチは、多くの人たちと「ロマンと夢」を共有しながら動き始めたのである。

◆カーブドッチ レストラン

穏やかな時の流れの なかで食事を楽しむ

フレンチを中心とする欧風料理で構成されたメニューは、季節に応じて顔ぶれが変わってくる。地元の新鮮素材をふんだんに用いた料理は、その一皿一皿に感動があり、何度も訪れたくなるほどだ。牛肉の赤ワイン煮込みが特におすすめメニューで、これはぜひとも味わっていただきたいものである。

店内は落ち着いた雰囲気で統一されていて、ゆったりと時間をかけながら食事が楽しめるのも大きな魅力。また、広々とした窓からは美しく整えられた庭と角田山が望める。シチュエーションも素晴らしいレストランである。

第三章

自己主張の強いワイナリー。
カーブドッチのポリシー

花々を見て回る掛川さん

万人向けのワイナリーではなく、「はじめに生産ありき」

カーブドッチは自己主張の強いワイナリーである。そこに落のパーソナリティーが反映されているのは言うまでもない。

「カーブドッチを始めるときに決めたことがあるんです。それは、しっかりと自己主張をしようということ。嫌いなお客には嫌いだとハッキリ言ってもいい。その代わり、お客にも言いたいことはハッキリ言ってもらいたい」

この言葉に傲慢だという印象を受けてしまう人もいるはずだ。しかし、そこには真摯な情熱が存在しているのである。

そもそも葡萄づくりからワインづくりを始めるということでカーブドッチは動き出した。本来ワイナリーとはワインをつくり出すところであるため、観光に訪れるお客よりも生産のほうを優先するのは当然のことだ。つまり「はじめに生産ありき」なのである。

「私たちは長くワインづくりを続けるつもりで、この事業を始めました。長続きさせるためには、マーケットを大きくしてはいけない。トレンドを追うことになりますから」

と、落。マーケットを大きくしようとすると、どうしても大量生産や効率化を狙うことになる。万人に受けるワインをつくり、万人に受ける施設を用意して「どなたでも大歓迎」といった展開になる。

青い空と緑の葡萄畑の間に見えるカーブドッチ

「流行を追っかけるとロクなことはない。いい例が、いつかの赤ワインブームです」と、落は苦笑する。そう、かつて日本では赤ワインブームが巻き起こり、それこそ猫も杓子も……といった感じで多くの人がワインを口にした。ワインだけではなく、それにともなう蘊蓄《うんちく》もたくさん口にしていたのではないだろうか。そしてむしろその蘊蓄のほうに重点が置かれていたような気もするが……結局のところそれは「一過性の消費」でしかなかった。

「その前はボジョレー・ヌーヴォーのブームがありましたね。それといまは焼酎がブームでしょ？　この前、久しぶりにとある居酒屋に行ったらね、以前までは地酒がずらりと並んでいたのに、それが全部焼酎に代わっていた。これにはさすがに笑ってしまいました。みんな右にならえなんだから」

右を向けと言われたら左を向く鹿児島

県人気質をのぞかせながら落は笑う。

酒の世界の話だけではない。これまで数多くの商品が一時的な脚光を浴び、そしてブームが去ったあとはあっさりと見捨てられてきた。いちいち例は出さないが、そういう商品は誰もがすぐに思いつくはずだ。万人から支持されると、そのハシゴを外されるのも早い。そしてそのあとは見る影もない状態に陥ってしまう。これはマーケットを優先するあまり、作り手の情熱や姿勢をないがしろにした結果として招くことである。

落はカーブドッチをそうした状況のなかに置こうとは考えていない。マーケットを大きくすることは「消費者」に足元をすくわれることにつながる、と戒めているのだ。

未舗装の道に象徴されるカーブドッチの精神

カーブドッチは新潟県西蒲原郡巻町（平成十七年新潟市と合併）において誕生した。この地を選んだのは、気候や地勢、土壌がフランスのボルドーに似ているからという落の考えによるものだった。

万人向けのワイナリーにしないという方針はこの時点でも表れていて、葡萄づくりに必要な土地を探していたときに「国道沿いにいい物件がある」と言われて、それを断ったことだ。

「単に交通が便利なだけの土地は必要ないですからね」

常識的には交通アクセスの便利なところを選ぶ。多くの人が訪れやすいからだ。

角田山の向こうには日本海、素晴らしいロケーションが広がる

しかしカーブドッチは別にそれを求めていなかった。葡萄づくりに専念できる土地が最優先事項だった。その結果として、角田山の麓にある現在の場所が選ばれた。……とは言え、カーブドッチへのアクセスは決して不便ではない。山奥にあるわけではなく、むしろ良好なほうだ。だが、それは結果的にそうなっただけのことである。

ヨーロッパの田園風景に似ている、カーブドッチと周辺の風景

話を戻して、カーブドッチを初めて訪れた人はその敷地に入った途端、道路が舗装されていないことに目を丸くするはずだ。道幅は狭く、スピードを落とさないと石が跳ねる。道もでこぼこしていて、雨が降るところどころに水たまりができる。「不親切だ」と思う人もいるかもしれない。舗装すればスッキリするのに……。しかしこれもカーブドッチの主張の一つなのである。ここから先は別の価値観が息づく世界なのだ、というメッセージを読みとらなければならない。

「スイスにツェルマットという町があります。マッターホルンの麓にある町ですが、ここは観光客に対して車で入ってくることを禁止しているんです。そこにヒントを得たんですけどね」

と、落。ツェルマットは環境保護の観点から自動車の乗り入れを禁止している。観光客にとって不便なようだが、逆にそれがこの町の価値を高めている。美しい環境を守るためには少々の不便はやむを得ないのだ、というメッセージを人々はツェルマットで受け取り、この町に対して「一目を置く」からだ。

カーブドッチの未舗装の道もそれと同じことである。舗装した道はスムーズに走れる。いかにも効率的だ。拡大解釈と思われるかもしれないが、それは便利さだけを追い求めてきた近代社会の象徴の一つでもある。

しかしその効率性をこのワイナリーに来てまで、なぜ求める必要があるのだろうか……？　そうした問いかけが心のなかでわき上がれば、カーブドッチに対する共感が芽生え始めていると言ってもいい。

自からワイナリーについて説明する落氏

お客様を神様扱いすると個性は失われていく

「われわれのやり方は別に珍しいものではありません。ヨーロッパのワイン農家のあり方をそのまま取り入れているだけです」

自分たちのやりたいことをやるためには、お客の都合に合わせるわけにはいかない。むしろ、お客のほうに合わせてもらおうというくらいの気持ちが必要だと落は言う。

そのやりたいことというのは、いい葡萄を、引いてはいいワインをつくることなのだが、ワイナリーとしてお客を迎える際にもカーブドッチには主張が見られる。まず旅行会社が企画する観光コースには組み入れられないようにしている。団体のツアー客を受け入れないことはな

いが、むしろ個人で訪れる人々に重きを置いている。そうした個人客に対しては、落が自らワイナリーを案内することも多い。

ワインショップの屋外スペースは、光がいっぱい

これは彼が「個」を大切にしていることの反映だろうが、「団体客」という言葉から連想されるイメージを思えばなんとなく納得できるというものだ。団体となった観光客はなぜかくも「お行儀が悪い」のか……と眉をひそめた経験のない人が果たしているだろうか？

万人に愛されようとすると、どんなものであれ価値は下がる。個性を失うからだ。個性がないということは、簡単に別のものに取って代わられるということでもある。商品の場合は値段を下げて安売りすることに存在価値を見いだすようになる。「八方美人」が褒め言葉ではないように、人間も同じことだが、誰からも気に入られようとすれば、逆にいてもいなくても（あってもなくても）いいという風に軽んじられる。カーブドッチはそういう「安売り」を拒んでいるわけである。

閑話休題。ここで落に関するちょっとしたエピソードを挿入しよう。

ドイツからの帰国後に勤めたワイン会社を辞めた彼は、とある企業に自ら売り込みに行って採用された。しばらくして自分の働きに見合う報酬が与えられていないことに気づき、年収アップを要求した。その額、一二〇〇万円。どうなったか?

「拒否されましたね。わかった、それなら仕方がないということで即刻辞めた」

なかなかの潔さである。会社への不満を居酒屋で愚痴るよりはよほど健全な態度だろう。もっとも、おいそれとまねのできることではないのだが……。

ともあれ、こういう人物が立ち上げたワイナリーであるから「お客様は神様だ」(この言葉を口にするとき、落は顔をしか

める）という態度はカーブドッチでは捨てたほうがいい。

……という言い方をすると「カーブドッチって怖いのかな？」と早とちりする人もいるかもしれないが、それは誤解である。落は威圧的な態度をとる人間ではないし、カーブドッチで不快を覚えることもない。「お客なんだからなにをしてもいいし、なにを要求してもいいんだ」という節度のない態度は感心されないというだけのことである。

◆レストラン薪《まき》小屋

こだわりの自家製メニューと空間美を満喫

　ドイツ人の建築デザイナー、カール・ベンクス氏が手がけたレストラン。ベンクス氏は古民家再生に手腕を発揮することで知られているが、このレストラン薪小屋も江戸後期に建てられた日本の寺院の骨組みが使われている。その骨組みを大胆に活かしたダイナミックな空間美は見事としか言いようがない。

　薪小屋では越後もち豚を用いた自家製ソーセージや自家製ビールが味わえる。いずれもカーブドッチならではの、充実したこだわりのメニューだ。

第四章

「お客様」考。
人と人とが向き合う接客

なぜ小学生未満をレストランに入れないのか？

「すべてのお客様に合わせることはできません。それどころか、私たちは一割の人たちに支持されれば、それでいいと思っているんです」

接客業としてのカーブドッチを語るとき、落はそういう言い方をする。これは前章でふれたことの延長線上にあるが、あくまでも万人向けの施設にするという考えを彼は持ってはいない。

もっとも端的な例が、子どもに対する距離の取り方だ。カーブドッチには「カーブドッチレストラン」「薪小屋」の二つのレストランがあるが、いずれも小学生未満は立ち入りを遠慮してもらっている。これに対して賛同する人もいれば、反発を覚える人もいる。後者の多くは子ども連れのお客である。

「なんて心が狭いんだ、と怒る人もなかにはいらっしゃいます。でも、やっぱりそこはわかっていただきたいと思いますね」

子どもに対して立ち入り禁止区域を設けたのは、落の考えによるものだ。

「もちろんすべての子どもがそうだとは言いませんが」と前置きをして彼は言う。

「でも多くの子どもが、公共の場において活発すぎる状態です。ちょっと眉をひそめてしまう。そういうのは家では許されますが、外では遠慮してもらいたい、と」

この言葉に深くうなずく人も多いだろう。落ち着いて食事をとりたいときに、そばでよその子どもたちにはしゃぎ回られたら、これはたまったものではない。本来は親が注意すべきものだが、現状としては……？　そう、迷惑を掛けられるほうが我慢しなければならないケースが多い。

「それはどう考えても変です。本来、社会というのは大人のもの。私は稼いでいない人間は外でめしを食うなと思っていますから」

一人前でもない人間が大人に迷惑をかけるのは筋が通っていないと落は考える。我慢をすべきはそっちのほうだ、と。

「カーブドッチは子どもにとって我慢を強いられる場所です。入ってはいけないところがたくさんある。だから、わざわざそんなところに、我慢をさせてまで子どもを連れてくることはない。ほかに行

くところはいっぱいあります」
これを「心が狭い」と判断するかどうかは、その人次第。ただ、そういう風に反感を覚えることの背景には「こっちはお客なのに」という思いが垣間見えるのではないだろうか?
ちなみに落は子どもが嫌いだというわけではない。自身にも子どもがいるし「自分の子どもは当然、かわいい」と言う。「だけど、それは親だから。他人が同じように私の子どもをかわいいと思うかと言えば、それは違います」
自分の子どもはかわいい。しかし他人にとってはあながちそういうわけでもない。そういう考えもあることを、多くの人が心の片隅にでもとどめておけば、公共の場はいまよりもう少し穏やかなものになるかもしれない。

スタッフをマニュアルで縛らない接客

「おたくは接客態度がなっていません」とのクレームがメールで寄せられたことがあった。「いらっしゃいませ」と言わなかったことがその理由である。確かにお客の立場としては、その一言がないとあまりいい気はしないだろう。落は「うちはそれほど愛想がいいほうではないと思います」と認めながらも、しかし接客については独自のやり方を守ろうとしている。

「うちではスタッフ一人ひとりの判断にまかせることにしているんです。大声でいらっしゃいませと言うのが失礼な場合も時にはある。口に出さなくても目礼で歓迎の気持ちが伝わることもあります。ロボットのようにマニュアルどおりに話

す人間をつくろうとは思いません。最近はどこに行っても、いらっしゃいませこんにちは、と言いますよね。あれはちょっと怖い。朝礼で練習しているそうですが」

従業員が整列して「いらっしゃいませこんにちは。いらっしゃいませこんにちは」と唱和している風景は確かに不気味だ。なぜ不気味な印象を与えるのかといえば、そこでは「個」が埋没してしまっているからである（それ以前に「そんなの、練習するようなことか？」という思いも生じるが）。

いわば個人としてどのように接客をすればいいかを考える必要がなく、雇用する側もそれを期待していない。いや、むしろ期待しているどころか邪魔なものだとさえ考えているかのようだ。でなければ、あそこまで「没個性」、言い換えれば「ロボット化」を強要しないだろう。

この種の店は全国規模でチェーン展開をしているところに多く、そこにはどの店舗でも均一のサービスを提供しなければいけないという事情がある。同じ看板を掲げている店なのに片方は接客態度が

良く、片方は悪いというのでは結果的にお客に不信感を与えてしまうからだ。悪貨は良貨を駆逐するという言葉もあるように、不快な対応をとる店が一軒あれば、同じ看板を掲げているほかの店もやはり対応が悪いと考えてしまう。それを回避するためにマニュアルで接客態度を標準化し固定化しようというわけだ。結果的にそれが、ロボット人間を生み出すことになるのだが……。これは多店舗展開につきまとうジレンマだと言ってもいいだろう。

かつて落が某企業で毎朝の社歌の合唱にあきれて、その会社を辞めたことを思い出していただきたい。果たしてその彼が、細かいマニュアルを規定したりするだろうか?

「ドイツではみんな自分の考えで生きています。自分の頭で判断する。そんなのは当たり前のことなんですけどね。接客にしても同じこと。自分たちで考えればいい。人として、お客様に不快な態度を取ってはいけないことくらいわかりますよ」

しかし時折、お客から「お叱《しか》り」を受けることがあるのも事実だ。これはこれで自主性にまかせた接客につきまとうジレンマでもあるのだろう。完璧なサービスというのはないにせよ、受け止めるべきお叱りには真摯に耳を傾けながら、一人ひとりの個性を生かしたサービスのありように期待したいものである。

「いい客」であるということの意味を考えてみる

落は自身が客という立場になったとき、必ずこういう自問をする。「自分はこの店でいい客だったかどうか」。いい客というのは、そこで働く人たちに不快な思いをさせないということである。

「帰り際をきれいにしたい、との気持ちはありますね」

例えば、どこかの店で飲食をしているとする。その場合、落は閉店時間が気になるそうだ。その閉店時間ぎりぎりまで店にいると、そこで働いている人たちの帰りが遅くなる。だったら少し早めに切り上げるか……。

こういう気配りは強気な彼にしては意外な一面と思われるかもしれないが、しかし辻褄《つじつま》は合っている。「お客だからなにをしてもいいのだ」という態度は自身も取らないのだ。

「だから逆にそういうことに気づかない人を見ると、同じ客として腹が立つ。閉店時間を過ぎてもまだ飲んでいる、みたいなね。私は一番最後の客にはならないようにしています」

施設の光と影は、ヨーロッパの空気を感じさせる

ここでまたドイツのエピソードを。
落が留学したとき、クラスメートたちと飲みに行った。当時、彼は二十六歳。クラスメートたちはみんな年下である。
「こっちは年上だから、こりゃおごらなければいけないと考えるわけですね。日本だったら、そうでしょ?」
ところがドイツは違った。おごる必要はない。では割り勘かといえば、そうでもない。それぞれが自分の飲んだ分だけを払うのだ。自分のことは自分で、という自立の精神がここにも表れている。

「それで帰りたくなったら、先に席を立ってもいいわけです。みんながまだ飲んでいるのに……という日本のような遠慮はいらない。それに対してもとやかく言われません」
そのとき、落もそれで一足先に帰ろうとした。しかしそこでクラスメートたちから肩をつかまれて「立つな」と言われた。しかも左右両側から。
「おかしいな、と思いましたよ。だって帰りたくなったから帰るわけだし、お金も払っているんですからね」

それで理由を聞くと、クラスメートたちは彼の前にあるグラスのビールを指さして「まだ残っている」と一言。彼らいわく、ビールをつくっている人たちの苦労を考えろ。君がこれを残して帰ると、このビールは捨てられることになる、お金を払えばいいという話ではない。

落はその言い分に素直に感心した。そう、お金を払えばなにをしてもいいというものではない。そこには人としての節度が問われている。ものをつくっている人たちに対する礼儀と言ってもいいだろう。そしてそこには「人と人」とが向き合う構図が見られないだろうか？　「いい客」であるということの意味にはそのあたりのことも含まれているようだ。

◆ショップ

ワインをはじめとして多彩なアイテムが

カーブドッチでつくられているワインが売られているほか、ワイン関連のアイテムも数多く並ぶ。ワインはテイスティングもできるので、自分の好みにあったものが選べる。購入の際には便利だ。

また、ヨーロッパから直輸入されたカーブドッチオリジナルハウスウェアもここでは見つけることができる。

このショップに併設しているのがスウィートテラス。自家製ケーキや香り高いコーヒーなど、優雅なティータイムが過ごせる。

ちなみにヴィノクラブへの入会は、このショップのカウンターで受け付けている。

第五章

「観光施設」を超えて。
そこにある豊かさとは？

身内のように応援。「お客」から「ファン」へ

これまで述べてきたようにカーブドッチは自己主張が強く、お客に対しても一定のルールを守ることを求めている。宮沢賢治の童話ではないが「注文が多い」と感じる人もいるかもしれない（まさか取って食われるとまでは思わないだろうが）。

しかしだからと言って、カーブドッチが「頑なに我が道を行く」ワイナリーだと思うのは早計だ。お客の声に耳を傾けず、黙ってついて来ればいいんだという姿勢をとっているわけでは決してない。

「実はうちにレストランがあるのは、お客様がここで美味しい料理が食べられたらうれしいな、と言ったのがきっかけだったんです」

掛川はそう語る。

ハーブを摘むのも仕事…

人気が高まっている、芝生のガーデンウエディング

また、カーブドッチではウエディングもできるが、これも美しい庭とホールがあるので「ここで挙式ができれば……」という声に応えたものなのである。さらに、ゆくゆくは宿泊できるように施設を整えていきたいと掛川は言う。もちろん、その要望もカーブドッチのファンから寄せられたものである。

万人向けの施設ではないはずなのにどうして……と疑問を抱く人もいるだろうが、それは少しばかり見当違いである。レストランにせよウエディングにせよ、いつの日かできる宿泊施設にせよ、そこにはカーブドッチのイズムが反映される。

お客の要望がカーブドッチの方向性に沿っていたなら、そしてイズムを生かすことができるものなら柔軟に受け入れるというだけのことである。美味しい料理が食べたい？　なるほど、それはいい考えだ。よし、レストランをつくって喜んでもらおうじゃないか。でも、子どもたちが走り回るようなものにはしないでおこう……と、そういうことだ。

「うちのお客様は普通のお客じゃないんです。みんな身内になりたがる。ただ単に観光客として遊びに来るのではなく、もう少し深い関わりを持ちたがる人が多いですね」

と、掛川。お客というよりももう少し一歩踏み込んだファンと言ったほうがい

いのかもしれない。十人のうち一人から支持されればいいというカーブドッチの考え方を裏付けることでもある。

ここで思い出されるのが、ヴィノクラブのことだ。本格的なワイナリーをつくるという夢に共感して、応援をしてくれた人たち。彼らもまた「身内」であり、カーブドッチ創世記のころからのファンである。

こんな話がある。カーブドッチの敷地に建物が初めて建ったときにヴィノクラブの会員たちを招いたのだが、そのうちの何人かは「本当に建ったんだ……」と感無量な思いで見つめていたそうだ。感涙していた人もいた。

あえて「観光施設」という言葉を使うが、そこまで人々に感情移入させる観光施設があるだろうか？

訪れるだけで気持ちがいい、幸福なリピーターたち

日本国内には数多くの観光スポットがある。生まれてから一度も休日のレジャーを楽しんだことがない人はともかくとして、まずほとんどの人がそうした観光スポットのいくつかに訪れたことがあるはずだ。

さて、ここで考えていただきたいのだが「何度行っても、あそこは飽きない」というところはどれほどあるだろうか？おそらく多くの人が「一度行けばもう充分なところがほとんど。またどこかに行くなら、まだ足を向けていないところがいい」と思っているのではないだろうか。

「うちはリピーターが多いですね。よく言われるのは、来るたびに変化があるということ。なにか期待させるものがあるんでしょうね」

と、掛川。足を向けるたびに変化が感じられるのは、おそらくカーブドッチが「生産の場」だからだろう。葡萄を育て、ワインをつくる。季節の移ろいとともに、その情景も変わっていく。

カーブドッチによく訪れる一人の女性は「何か特別なことがあるから来るわけ

ではない。ただ、来ると気持ちがいいから来るだけ」と掛川に言ったそうだ。

派手なアトラクションがあるわけでも、花火を打ち上げるわけでもない。カーブドッチにはただ穏やかな時間が流れている。その時間のありよう、そして空間のありようが、ある種の人々に強く作用するのだろう。

その雰囲気の良さに魅力を感じて、カーブドッチで挙式披露宴をしたいという若い人たちも多い。近年は新潟でも二人の個性を生かしたオリジナルウエディングが主流となってきているが、その先駆けとなったのがカーブドッチでのガーデンウエディングだ。ガチガチのフォーマルなセレモニーではなく、それよりもややカジュアル寄り。個性的なウエディングを夢見る二人にとって、カーブドッチはあこがれの場所でもある。

ここで面白いのは、それだけ人気があってもカーブドッチは「余計に儲けてやろう」と考えていないことだ。

「ウエディングには花屋さんや写真屋さん、ヘアメイクの人たちが必要ですが、うちではそういう人たちから中間マージンはとっていないんです。お客様からそ

んな余計なお金を取ってはいけませんよね」

ウエディングのビジネスはかなりうまみがありそうだが……やはりあくまでもここはワイナリーなのだ。掛川は「カーブドッチでいい式をあげてくれれば、それでいい」と考えている。

若い二人にとってなによりなのは、専用の式場とは違って結婚後も「思い出の場所」として訪れることができることだ。記念日にワインを買いに、あるいは食事を……といった幸せなリピーターもいるに違いない。

豊かで穏やかなヨーロッパ的価値観が息づく

ヨーロッパに行ったことのある人ならきっとうなずかれると思うが、カーブドッチには欧州的な空気が感じられる。建物の雰囲気しかり、美しく整えられた庭園しかり。

これはもちろん落がドイツにいたこととも関わりがあるが、落・掛川の二人がヨーロッパ的価値観を好んでいることが影響している。

「ヨーロッパには年に二～三回は行きますよ。外国はやっぱり見ないとダメですよね。向こうのワイナリーを見学することが多いのですが、それ以外にも街並みを見たり庭園を見たりします」

と、掛川。フランスやドイツを中心にヨーロッパ諸国を見てまわるが、毎年行

っていても訪れるたびに感動がある、とのことだ。

「決して飽きることがないですね。気持ちが自然に高まっていきます。その感動を今度はカーブドッチでどう活かそうか、とそんなことも考えます」

当然、落も年に数度のペースで海外に行く。かつての級友たちのワイナリーを訪れ、旧交を温めることもある。彼にとっては「帰省」に通じるものがあるのかもしれない。

「いろんなワイナリーを訪ね歩くことは仕事のためになりますが、それ以上に心が温まりますね」

落は穏やかな笑顔を浮かべてそう言う。同じ熱意を持ってワインをつくっている人たちとの交流の楽しさが、その表情に表れている。

「日本人はちょっと忙しすぎますよね。向こうのようにゆったりとしたペースで生きていけばいいのに」

ドイツやイギリス、フランスなどを筆頭としてヨーロッパには伝統を大切にしている国がほとんどだ。そこに落も掛川も精神的な豊かさやゆとりを感じとっている。そこから得られる感動や価値観がカーブドッチで生かされているわけである。だから、同じ空気が流れている。

「日本はアメリカの影響を受けて大量消費型の社会になっていますけど、ヨーロッパ的価値観の豊かさに気づいたほうがいいですね」

カーブドッチの美しい庭は落がこつこつと自らの手で育てたものだ。庭づくりには時間と手間がかかるが、そこには精神的な豊かさが息づいている。ワインづ

くりにも通じる芯《しん》のある豊かさである。

その穏やかな息づかいこそが、カーブドッチの大きな魅力。このワイナリーを愛する人たちの心の琴線は、きっとそうした豊かさに共鳴しているのだろう。その人たちにとってカーブドッチは、単なる「観光施設」ではないのだ。

◆パンデパン＆ごとらって

天然酵母のパンとジャージー乳のジェラート

イーストを一切使わずに天然酵母によるパンづくりを行っているのが「パンデパン」。口のなかに入れると、上品な甘みと奥の深い香りが広がるのが天然酵母のパンの特色だ。従来のパンとは違うふくよかな味わいが楽しめる。そのパンも石窯で焼かれていて、ここにも一種のこだわりが垣間見える。

一方の「ごとらって」は、ジェラートショップ。素材はジャージー牛の乳を使っている。乳脂肪とタンパク質の含有量が多く、成分が濃いのがジャージー乳の持ち味。そこから生まれたジェラートもコクがあって濃厚。しかし後味はさっぱりしている。

種類も豊富で、季節ごとの美味しさに出合うことができる。

第六章

ワインの中に真実を。
新しい次の夢が動き始めている

「自家醸造百パーセント」を堂々と語れるワイナリー

カーブドッチの成り立ちを紹介する章でもふれたが、そもそも本格的なワイナリーとは葡萄づくりからワインづくりを手がけるところを意味している。ヴィノクラブをとおして多くの人がカーブドッチを支えようとしたのも、葡萄づくりからワインづくりを始めるという「情熱」に共感を抱いたためである。ワイナリー

はその根本で農業と直結していると言える。しかし、国内のワイナリーやワインメーカーのなかでワイン専用の葡萄畑を持っているところは一体どれだけあるのだろうか？

「皆無と言っていいでしょうね」と落はそう切って捨てる。「自家醸造百パーセントで、しかもその葡萄がワイン専用の欧州系品種のみというのはうちだけでしょう」

日本のワインとその業界のことが話題になると彼の舌鋒《ぜっぽう》は途端に鋭くなる。かつて掛川が初対面のときに面食らったというのも無理はない……といった具合だ。

「葡萄というと、みなさん大きい粒のものを想像するでしょ？　実はあれは食用なんですね。ワインをつくるための葡萄は小粒で、普通の人が抱いている葡萄のイメージとは違います。日本のワインはもともと食用の葡萄を使ってつくり始めた。その時点でもう間違っているわけです」

ワイン専用の葡萄を使っていないというのも驚きだが、それ以前にワイン専用の葡萄畑を持っていないワイナリーやワインメーカーというのは果たしてどうやってワインをつくっているのだろうか。すぐに思いつくのは農家から買い取ることだが、落によるとどうやらことはそうわかりやすい話でもないらしい。

「海外から濃縮果汁を輸入して、それを発酵させてワインにする。これで国内産ワインのできあがりです」

ほかにも、海外から安いワインをタンクで輸入し、それを「日本で」瓶詰めすれば国産ワインとして通用するといったケースもある。

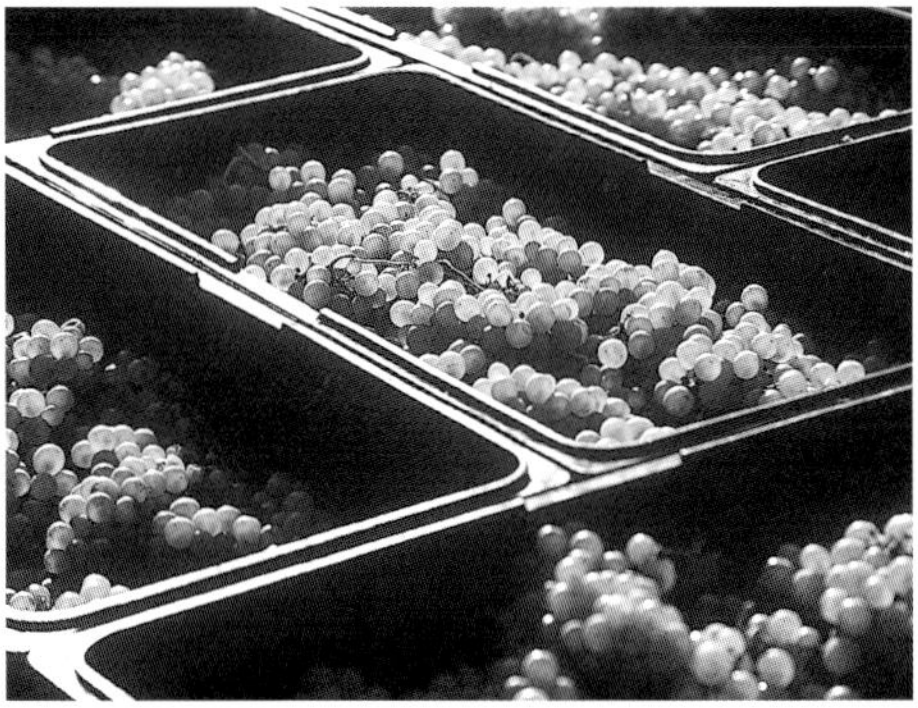

「濃縮果汁であろうが、安ワインであろうが、いずれにしても自分でワインをつくっていないのは自明のこと。要するに、ヨーロッパでは基本原則とも言うべき葡萄づくりをまったく行っていないわけですから、ワイナリーを名乗る資格のない人たちが日本のワイン業界を形成しているんです」

落は一気にそうまくし立てた後、こう付け加えた。

「私はこうなると、モラルの問題だと思いますけどね」

落の辛辣《しんらつ》な言葉はとどまるところを知らないのであるが、日本のワインにはそういう側面もあることは知っておいたほうがいいだろう。

ADACHI

農業が工業に変わる時、大切ななにかが失われる

海外から安い原材料を大量に仕入れて生産するというやり方は、すでに農業ではなく、工業だと言える。工業的価値観では、大量生産とそれにともなう効率化が重視されるのは改めて説明するまでもない事実だ。

「人の口に入るものは、原材料が命です。しかし工業になると、いかに原材料のコストを抑えるかを考えるようになる」

と、落。カーブドッチはマーケットを大きくする考えはないということだったが、それもこの言葉につながってくるわけである。農業から工業に変わる気はない、ということである。

しかし、一方ではこういう見方もできる。一定した品質のものを安定的に供給するのは工業的なシステムがあってのことだ、と。不安定な要素を多分に含んだ自然を相手にしていてはリスクが高すぎる。

「実際、私にそういうことを言った人もいました。自然を相手にしていたら不安でしょうがないだろうって」

もし葡萄が不作だったら売るものがなくなってしまうではないかという指摘だったが……しかし葡萄を工場のラインで生産するわけにはいかない。

一定の品質で安定供給というのは、確かにそれはそれで意義があることだ。だから結局のところ、これは飲み手の意識に関わってくる問題なのである。工場で効率的かつ大量に瓶詰めされるワインを選ぶか、大地が育んだ葡萄から生まれたワインを選ぶか……。

　ほかの食品ならともかくとして、そもそもワインは嗜好品であり、安定供給に重きを置くべきものではない、と考えた人がいるとする。では、その人が日本のワインを口にしようとしたとき……おそらく大きな戸惑いを覚えることだろう。その選択肢の少なさに。

「消費者は賢くならなければなりません。それによってワイン業界も変わっていきます」

落は、消費者が「気づいたとき」にカーブドッチがその目に止まるはずだと考えている。

「ちゃんとワインをつくっているところがあることを知ってほしい」

　これはワインに限る話ではない。工業的な大量生産と対極の位置で人の口に入るもの、すなわち「食」をつくりだしている人たちにも重ねることができる話だ。「こだわり」という言葉で語られることが多いが、そこには伝統があり、誇りがある。カーブドッチの姿勢は「食」という大きな世界にもつながっているのである。

　ワインに関する格言に「イン・ヴィノ・ヴェリタス」というものがある。「ワインのなかに真実を」。そう、ワインのなかにはウソがあってはいけないのだ。この「真実」は「良心」という言葉に置き換えることができるかもしれない。

CAVE D'OCCI
CAVE D'OCCI
Maki
Kerner
1998

後継者を育成して、日本にワイン先進地を

現在、落と掛川は「後継者」を育成する活動を始めている。カーブドッチの次代の担い手ではない。自らの力で本格的なワイナリーを経営していきたいという人たちを育てようとしているのだ。

「アメリカのカリフォルニア州にナパバレーというワインの一大生産地があるんです。そういうワインのメッカをこの日本にもつくってやろうと考えているんです」

と、落は言う。ナパは世界的に評価の高いカリフォルニアワインを生み出している地域。およそ三〇〇もの大小さまざまなワイナリーが軒を連ねている。

「ワイナリー経営塾」と称する後継者育成に関しては、本気で取り組める人だけ

を対象とした。そのための条件として設定したのが、自己資金三千万円である。

「きちんとワイナリーを始めるには、それくらいのお金がかかりますから」

と、掛川。かつて資金集めに苦労したこともあって、その言葉には実感がこもっている。

「カーブドッチのやり方に共感してくれて、なおかつカーブドッチ以上のなにかをしてくれることに期待しているんです」

と、落。彼らの呼びかけに応じて「塾生」に立候補したのは約三十名にものぼった。そこから面接などを行って、選ばれたのが二名である。一人はデリバティブ（簡単に言えば、高度な金融取引）の仕事をしていた。もう一人は誰もがその名を知っている都市銀行でM＆A（企業の合併・買収）を手がけていた人物である。いずれも金融関係で巨額のマネーを扱っていた点が共通する。そして二人とも三十代前半という若さである。そんな彼らが地に足のついた農業としてのワインづくりを始めようというのはなにか象徴的なことのようにも思える。

「この二人が成功すればね、アッという間にこの一帯はワイナリーが増えますよ。十軒二十軒……いや、百軒くらいにまで。そうしたらここは日本のワイン先進地になる」

観光的な魅力も増すだろうし、日本のワイン文化もこれまで以上に芯の通ったものになるだろう。しかし、それはカーブドッチの前にライバルが続々と登場することになるが……？

「それでいいんです。カーブドッチは、数あるワイナリーの一つであればいい」

落はそれが当然だというようにうなずく。カーブドッチはカーブドッチとして独自の道を歩み続けるのだ、とでも言うように。

落と掛川がカーブドッチによって切り開いた道の沿道には、やがて多くの本物のワイナリーが軒を連ねることになるだろう。

それは、これまで日本では見られなかった光景だ。

それだけに、そこにはワクワクするような希望が感じられはしないだろうか？

エピローグ

その一歩先にある
ワイナリーの魅力に……。

本文でも再三ふれたことではあるが、カーブドッチは自己主張の強いワイナリーである。それは一見、お客を選んでいるかのような「誤解」を招きがちだが、そうではない。このワイナリーはお客に「選ぶことの喜び」を用意しているのだ。

落も掛川も自分たちの足で立ち、自分たちの頭で物事を考え、そして本格的なワイナリーを立ち上げるという難事業をこなしてきた。その二人のパーソナリティーが反映されたワイナリーは、おのずとここを訪れる人たちにメッセージを放つ。

そのメッセージを一言に集約すれば「依存から自立へ」だ。寄らば大樹、長いものには巻かれろ、といった日本に根強く残っている「個」をないがしろにする生き方はもうやめて、一人の個人として自立することの大切さに気づくよう語りかけている。

例えば、夢があるなら、できない理由を数え上げるのではなく、その実現のために動き始めればいい。例えば、自分が正しいと思っているなら、他人からとやかく言われようがその信念を貫き通せばいい。例えば、人を騙《だま》してまで、あるいは人に迷惑をかけてまで、自分の都合を押し通すのは「大人」のやることではない……。

こうしたごくシンプルなメッセージ（そう、確かにシンプルだ。しかしそれを実践するのは簡単ではない）を根底にしながらカーブドッチというワイナリーは存在する。

そしてそのメッセージを読み取り、共感した人たちが、このワイナリーを「選ぶことの喜び」を味い、カーブドッチの「刻《とき》」を味わうのある。

本書はワイナリーを取り上げる本としては、一般的なイメージとはかなりかけ離れた内容となっている。ガイドブック的な要素はほとんどなく、ワインに関連した専門的な用語も出てこない。そういうことはほかに譲るとして、なによりもここで伝えたかったのは、落希一郎と掛川千恵子という二人の個性的な人物の息づかいである（そのため、この二人に対する好意的な記述も多くなったかもしれない。その点は割り引いて読んでいただいて構わない）。

カーブドッチを「お洒落《しゃれ》なワイナリー」として好感を持つのは、もちろんそれはそれでいいことだ。しかし、もう少し踏み込んだ先にあるこのワイナリーの魅力に気づいていただければ、なお素晴らしいと思う。

◆カーブドッチとやの＆ぽるとカーブドッチ

カーブドッチが新しいレストランを展開

2005年3月にオープンしたのが「カーブドッチとやの」。新潟市鳥屋野にあるインテリアショップ「S.H.S」の一画にレストラン・ワインショップ・ジェラッテリア・ベーカリーをそれぞれ設けた。カーブドッチにとって、これは新しい試みで期待も大きい。

もう一つ、4月には信濃川左岸の「みなとぴあ」にも新しいレストラン「ぽるとカーブドッチ（ぽるとは「港」の意）をオープンさせた。場所はみなとぴあのために移築された旧第四銀行住吉町支店。昭和初期の古典的な建築様式が美しい建物だ。魚介類を中心としたメニューのこのレストランも、新潟の新名所として人気を集めることだろう。

カーブドッチワイナリー

〒953-0011
新潟県西蒲原郡
巻町角田浜1661
☎0256-77-2288

カーブドッチとやの

〒950-0948
新潟県新潟市
女池南3-5-10 S.H.S内
☎025-285-6444

ぽるとカーブドッチ

〒951-8013
新潟県新潟市柳島町2-10
新潟市歴史博物館
（みなとぴあ）内
☎025-227-7070

「新潟市民トラスト」の誕生に向けて

いま、まさに新しい新潟市が生まれようとしているとき（カーブドッチのある巻町もこの大きな都市に含まれます）、敷地をきれいに、ゆったりとした空間を、というカーブドッチの運動は、そのまま新しいまちづくりに強く導入されるべきものと考えています。

街のなかに大きな敷地を有する企業は高い塀を取り払い、アスファルトもできるだけはがして、樹木と花で空間をつくりなおすべきです。そうすることで、この街に住む人々はやすらぎを与えられ、ひいてはその企業に対する市民のイメージ向上にもつながっていくでしょう。

カーブドッチは自家生産型企業だからそうしているのではありません。自社の敷地をきれいにして、外から見えるようにするのは企業の使命と考える風潮をつくり出そうという運動を提唱しているのです。

さらに今回の大合併で、周辺の農村地帯も同じ市の重要なゾーンとなります。もともと農村は自然や土と親しみ、農産物を育む場所ですが、しかし長きにわたって都市との交流を絶ってきたため、外から見ての美化という点では都会部以上に遅れています。例えば、電線や電柱をすべて地下に埋め、空間をのびやかなものにする。これは農村の集落こそ実行しやすいことです。また、農村では個々の住居が都会部とは比較にならないほどの広い敷地を持っています。

無用なブロック塀や石塀は取り払い、自分の庭は集落みんなが楽しむものと考えて、花で埋め尽くすといいでしょう。ヨーロッパの農村と我が国の農村の大きな違いがここにあります。

約二百ある新市の農村集落の一つ二つを変えるところから、この運動を始めたいと私は考えています。大きな石と矯正された樹木で作る日本式庭園ではなく、当主が楽しみ、そして外を通る人も楽しめる「庭づくりの洋化運動」にしたいと思っているのです。

問題は維持・管理の手間だけです。この大きな市には意志や望みはあっても、実際に庭の花づくりを楽しめない人も多いというのが現状です。それなら、英国のナショナルトラストのように公のボランティア組織をつくって、維持・管理はこの人々で行えばいいだけのことです。そうすれば、公立の美術館・コンサートホール・博物館・図書館などの庭も、年に数回の業者委託の在来式から毎日みんなが手をかけるような英国式となっていくことでしょう。

信じられないほど農地面積が多い都市。それが新しい新潟市ですが、もう一つ「今まで日本になかった開かれた、きれいな庭だらけの都市が、日本一の大河の河口部にあるよ」そう言われる日がいつか来るようにと考えています。

落希一郎

カーブドッチの刻《とき》

協力

カーブドッチワイナリー

株式会社　欧州ぶどう栽培研究所

〒953-0011　新潟県西蒲原郡巻町角田浜1661

TEL 0256-77-2288　FAX 0256-77-2290

取材・文

柚《ゆ》木《き》崎《ざき》寿《かず》久《ひさ》

撮影

田中幸一

山本　徹

本誌の取材にあたり、
ご協力いただきました皆様に厚くお礼を申し上げます。

2005年5月9日 初版第1刷発行

発行人
本間正一郎

発行所
新潟日報事業社
〒951-8131　新潟市白山浦2-645-54
☎025-233-2100
FAX025-230-1833
http://www.nnj-net.co.jp/

制作
メディア・ユー
〒950-0949
新潟市桜木町7-36　☎025-285-7166

印刷
新高速印刷株式会社

ISBN 4-86132-113-1